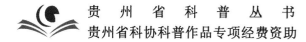

贵州省科普丛书

贵州省科协科普作品专项经费资助

FAST
征程

中国|天|眼 逐梦苍穹解天问

主编◎吴　蔚　张蜀新

（本书获"贵州出版集团有限公司出版专项资金"资助）

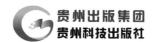

贵州出版集团
贵州科技出版社

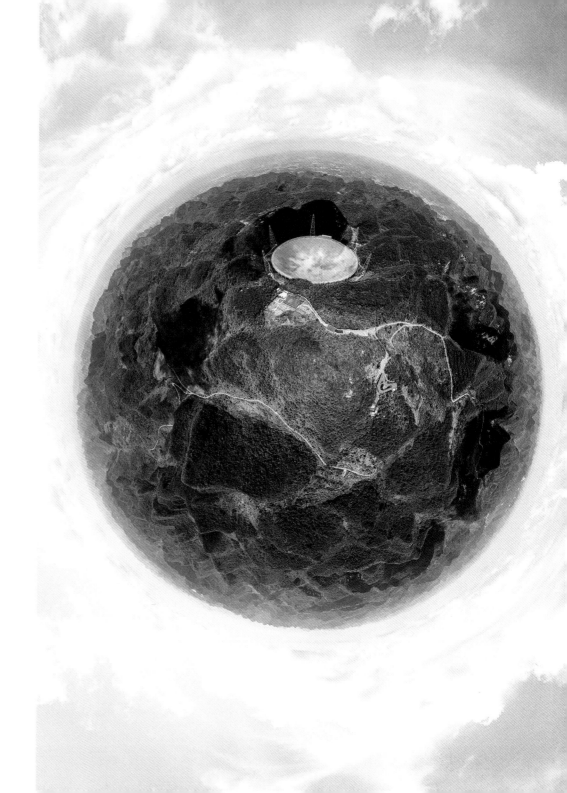

图书在版编目（CIP）数据

FAST 征程：中国天眼逐梦苍穹解天问 / 吴蔚，张蜀
新主编. -- 贵阳：贵州科技出版社，2022.9
　　ISBN 978-7-5532-1120-6

Ⅰ . ①F… Ⅱ . ①吴… ②张… Ⅲ . ①射电望远镜—介
绍—中国 Ⅳ . ①TN16

中国版本图书馆 CIP 数据核字（2022）第 158104 号

FAST 征程：中国天眼逐梦苍穹解天问
FAST ZHENGCHENG : ZHONGGUO TIANYAN ZHUMENG CANGQIONG JIETIANWEN

出版发行	贵州出版集团　贵州科技出版社	
地　　址	贵阳市观山湖区会展东路 SOHO 区 A 座（邮政编码：550081）	
网　　址	http://www.gzstph.com	
出 版 人	王立红	
经　　销	全国各地新华书店	
印　　刷	深圳市新联美术印刷有限公司	
版　　次	2022 年 9 月第 1 版	
印　　次	2022 年 9 月第 1 次	
字　　数	200 千字	
印　　张	9.25	
开　　本	889 mm × 1194 mm　1/16	
书　　号	ISBN 978-7-5532-1120-6	
定　　价	98.00 元	

吴 蔚

贵州省青年联合会委员，贵州省青年摄影家协会副主席，贵州省新闻摄影学会常务理事，主任编辑。

张蜀新

中国科学院国家天文台研究员，曾任 FAST 工程项目副经理兼工程办主任。在 FAST 工程建设期间，拍摄和组织拍摄了大量 FAST 建设过程的图片和视频作品，是 FAST 工程的建设者和见证者。

《FAST 征程：中国天眼逐梦苍穹解天问》

编 委 会

策　　　划：参宿 4 工作室

主　　　编：吴　蔚　张蜀新

图 片 提 供：中国科学院国家天文台

张蜀新　谢嘉彤　金立旺　孙自法　张永坤　龚小勇　赵天恒

代传富　郭广宇　岑龙武　李瑞龙　罗　睿　朱炜玮　王　培

庆道冲　冯　毅　牛晨辉　张　超　张　林　石明钢　柏时鸣

视 频 提 供：中国科学院国家天文台

贵州中科天文教育与先进技术研究院

封面图片提供：张永坤

值此 FAST 工程竣工六周年之际，
谨以此书献给曾经、正在、未来
为"中国天眼"做出贡献的人们。

"中国天眼"——500米口径球面射电望远镜（Five-hundred-meter Aperture Spherical Radio Telescope，简称"FAST"）是中国科学院和贵州省人民政府共建的"十一五"国家重大科技基础设施建设项目，由中国科学院国家天文台负责建设、调试、运行和管理，是目前世界上最大、最灵敏的单口径球面射电望远镜。它承载了国际天文界和多个学科领域科学家们的希望。从1994年提出构想，2016年落成，2020年通过国家验收正式运行，2021年向全世界的科学家开放，到2022年产出一系列世界级的重大原创成果，FAST一路走来，走过了无尽艰辛，洒下了无数汗水。这一切都值得我们永久回忆。

"中国天眼"——500 米口径球面射电望远镜建成运行、仰望星空已有 6 个春秋。

国之重器虽尚处幼年，却已然将地球村的视野延拓到了从未触及过的深空，600 余颗脉冲星的发现刷新了人类对遥远星空的认知。在浩渺宇宙中如尘埃般的地球上开放的"中国天眼"，为全世界科学家提供了探索和发现的平台，人类命运共同体的休戚与共感受更加深切。短短几年业绩竟已丰硕如斯，假以时日至风华正茂又当是何等景象，怎能不令人憧憬与期待！

当我们为"中国天眼"的神奇和壮美自豪的时候，我们更为她的建设者的奉献和执着感动，为日夜守护在她身旁甘受寂寞、潜心探索的科学家"点赞"。《FAST 征程：中国天眼逐梦苍穹解天问》记载了发生在贵州大山深处这一奇迹的点点滴滴。就"中国天眼"这座科学丰碑的建设和运行历程而言，就建设者和科学家的付出和艰辛而论，此书都只展示了冰山之一角。然虽挂一漏万却是真实的写照、岁月的剪影、历史的见证！我们期待"中国天眼"故事中浸润的科学精神能够透过此书进一步弘扬和光大，激励当下、鼓励后人，以不断的科学发现和技术创新促进文明与进步及高质量发展。

贵州省人大常委会副主任
贵州省科学技术协会主席

2022 年 8 月

　　古往今来，人类对浩瀚宇宙有着无尽的想象，对探索宇宙有着不懈的追求。20 世纪 90 年代，以南仁东先生为代表的我国老一辈天文学家提出设想，利用贵州省天然喀斯特巨型洼地建设具有我国自主知识产权、世界最大单口径球面射电望远镜。在中国科学院和贵州省人民政府的支持下，中国科学院国家天文台 FAST 团队主导与全国 30 多个单位合作，经过 13 年选址、5 年半的艰苦建设，攻克了望远镜超大尺度、超高精度等诸多技术难题，高质量按期完成了 500 米口径主动反射球面射电望远镜工程这一"十一五"国家重大科技基础设施建设项目。

　　自 2016 年 9 月 25 日落成启用以来，FAST 在脉冲星发现、快速射电暴、星际介质及恒星形成等研究领域取得了诸多突破性成果。2021 年 2 月 5 日，习近平总书记在贵州视察时指出，"中国天眼"是观天巨目、国之重器，它的建成实现了我国在前沿科学领域的一项重大原创突破。

值此 FAST 工程竣工六周年之际，《FAST 征程：中国天眼逐梦苍穹解天问》即将付梓。它是国内第一部以图片来全景记录 FAST 工程建设艰辛历程，深情展现以南仁东先生为代表的中国科学家群体先进事迹的科普作品，其视野开阔，文笔质朴，内容鲜活，颇值一读。

今天，中国天文学迎来了历史上发展的最好机遇。FAST

已经成为中低频射电天文领域的观天利器。未来，我们将以更为开放的姿态与全球共享科学研究设施，为国际天文学界提供高水平的观测平台，促进天文研究国际合作，提升我国天文研究的国际地位和影响力，用"中国智造"为构建人类命运共同体贡献"中国智慧"，推动世界科技发展和人类文明进步。

中国科学院国家天文台原台长

FAST 项目工程总经理

2022 年 8 月

目录 CONTENTS

选 址 篇

开 工 篇

建 设 篇

竣 工 篇

成 果 篇

风 光 篇

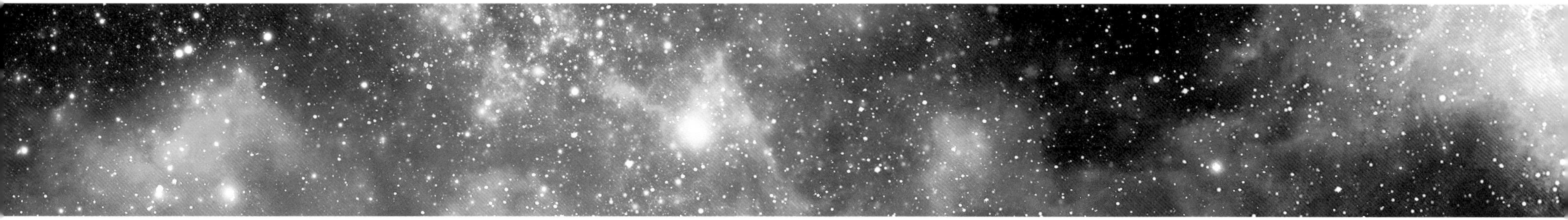

选址篇

观天利器，仰望苍穹

大窝凼原貌

大窝凼村民劳作

发现洼地

被誉为"中国天眼"的世界最大单口径球面射电望远镜FAST，如今正安放在贵州省黔南布依族苗族自治州平塘县境内一处被当地人称为"大窝凼"的喀斯特洼地中，探寻来自宇宙深处的奥秘。

凡是亲临大窝凼的人几乎都会问：这个人迹罕至的好地方是怎么被发现的？

大窝凼旧貌全景

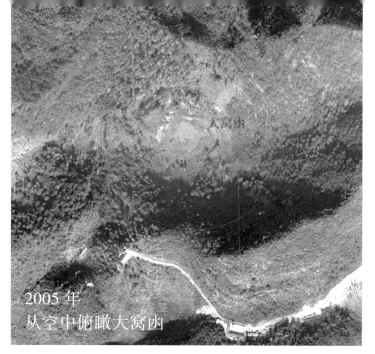

2005 年
从空中俯瞰大窝凼

2010 年
从空中俯瞰大窝凼

　　20 世纪 90 年代，我国天文学家积极参与国际大射电望远镜项目，立志在中国建设世界领先的射电观测设备。他们大胆创新、小心验证，逐步形成了建设 500 米口径球面射电望远镜的完整概念。

　　1994 年 6 月，中国科学院北京天文台（现中国科学院国家天文台）联合中国科学院遥感应用研究所，用遥感技术帮助选择大射电望远镜台址。而这个任务持续了 13 年。项目选址联合团队从近千个"窝"中精挑细选，在贵州省科技厅及相关市（州）、贵州省无线电监测站、贵州工业大学（2004 年与贵州大学合并）、贵州省气象局等单位协助下，最终选中贵州省黔南布依族苗族自治州平塘县克度镇大窝凼。

　　2007 年 7 月，国家发展和改革委员会（简称国家发改委）批复立项建议书，原则同意将 FAST 项目列入国家高技术产业发展项目计划，FAST 工程进入可行性研究阶段。

　　2008 年 10 月，国家发改委批复 500 米口径球面射电望远镜国家重大科技基础设施项目可行性研究报告，FAST 工程进入初步设计阶段。

群山环抱中的大窝凼

开工篇

大窝凼洼地的原始面貌

2008年12月26日，FAST工程在平塘县大窝凼奠基

工程奠基

2008年12月26日，500米口径球面射电望远镜工程奠基典礼在贵州省黔南布依族苗族自治州平塘县大窝凼洼地举行。这是一条让平塘、黔南、贵州乃至全中国都为之振奋的消息。时任中国科学院副院长詹文龙院士、时任贵州省副省长蒙启良、时任中国科学院秘书长李志刚以及科学技术部、国家自然科学基金委员会、工业和信息化部、贵州省人民政府、中国科学院国家天文台、FAST项目合作单位、贵州省直有关单位和高校、黔南布依族苗族自治州有关领导出席奠基典礼。

中国科学院、贵州省领导出席 FAST 工程奠基典礼

移民新生

为确保"中国天眼"的正常运行,"中国天眼"5千米核心区被划定为电磁波宁静区,涉及的平塘县克度镇和塘边镇共计1410户6633名村民搬离故土。

2009年10月,世代生活在大窝凼里的12户人家63口人,为了国家重大科技工程的需要,他们响应政府号召,按期搬离了故土,来到克度镇政府所在地——红塘街上开始了新的生活。

搬迁后,移民杨朝福家的7间半瓦房及其他11户邻居的房屋全被拆除,他们在克度镇政府所在地得到了一栋两层楼的小洋房。

如今的克度镇,有以5星级酒店标准建设的天文主题酒店,街道上有以全国各大菜系为主打的饭店及奶茶店、手机零售店、中医理疗馆、图书馆等,衣食住行一应俱全,一如城市般便利,民众生活得到了前所未有的改变。

曾经居住在大窝凼的杨天信和舒德美

打点行囊

搬离故土

奔向新居

现今居住在移民安置区的杨朝福与老伴、孙子合影

搬迁村民只能从照片中找到曾经的家

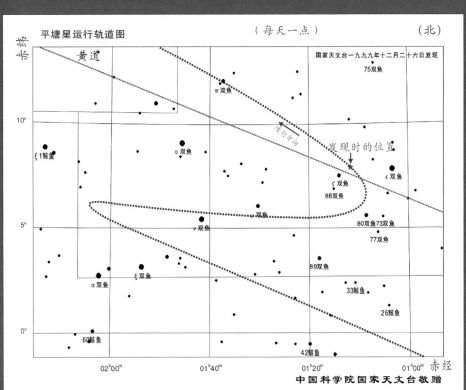

为纪念 FAST 的建设，经国际天文学联合会小天体命名委员会批准，将中国科学院国家天文台施密特 CCD 小行星项目组发现的国际永久编号第 92209 号小行星命名为"平塘星"。

平塘星及运行轨道图

平塘星运行轨道图　　　　　　　（每天一点）　　　（北）

黄道

国家天文台一九九九年十二月二十六日发现

75双鱼

π双鱼

10°

运行方向

ε 1鲸鱼

发现时的位置

ε双鱼

ζ双鱼

ε 双鱼

88双鱼

ι双鱼

80双鱼 73双鱼

5°

υ双鱼

77双鱼

89双鱼

ξ双鱼

33鲸鱼

α双鱼

26鲸鱼

0°

60鲸鱼

42鲸鱼

赤经

02ʰ00ᵐ　　　　01ʰ40ᵐ　　　　01ʰ20ᵐ　　　　01ʰ00ᵐ

中国科学院国家天文台敬赠

平塘天文小镇夜景

夜幕下的时空观光塔

建设篇

高边坡施工

九层之台，起于累土

　　"中国天眼"的建设，凝聚了几代天文工作者的梦想和心血，是一项史无前例的超级工程。自 2011 年 3 月 25 日到 2016 年 9 月 25 日，在这 5 年半 2011 天的时间里，中国科学院国家天文台 FAST 工程团队与 30 多个工程建设单位，5000 多位工程技术和科研人员、工人以及管理人员紧张有序地投入这项工程中。他们不畏艰难，克服了场地、天气等方面的困难，设计实施了一个又一个巧妙的施工工艺，最终使 FAST 呈现在世人面前。

　　2021 年 2 月 5 日，习近平总书记在贵州听取 FAST 建设历程、技术创新、开放运行、国际合作等情况介绍，非常明确地表示，以南仁东为代表的一大批科技工作者为此默默工作，无私奉献，令人感动。

FAST 在群山中

2011年3月25日，FAST工程正式开工建设

台址开挖现场

从无到有——
山洼里的"天眼"

台址开挖

　　望远镜台址开挖是一项非常重要的工程，边坡固定不好，可能出现坍塌，这对于FAST这一世界级工程来说是致命的。

　　FAST通过改变反射面形成抛物面来进行观测，这对边坡的稳定性提出了极高的要求。在这里，FAST工程团队几乎遇到了所有类型的喀斯特复杂地质结构。在FAST的底部，要安装舱停靠平台和停放包含馈源接收机的馈源舱在内的众多电子设备，因此必须建设一套人工排水系统。排水系统由5道环形的截水沟、3道径向排水沟组成，将雨水引向凹底，再通过隧道排向比大窝凹海拔低100多米的另一个洼地。同时大窝凹本身就是"漏斗型"天坑，有一个消水洞，积水可以直接排向地下暗河。有了两套排水系统的庇护，FAST即使在雨季也经得起考验。尽管如此，施工中还是挖出了土石约40万方、治理危岩50万方。

边坡滚石

边坡治理

防排水综合治理

开挖现场的施工通道

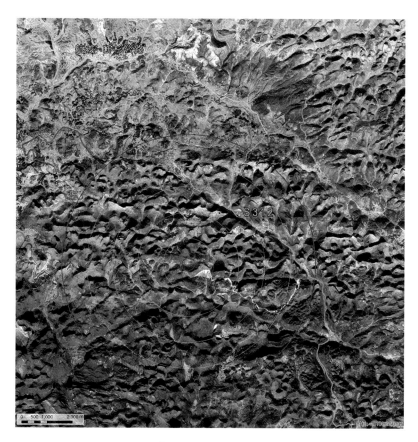

FAST 工程台址周边航空遥感影像图

FAST 工程台址航空遥感影像图

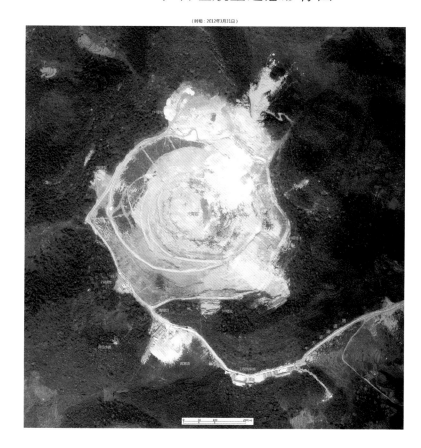

璀璨银河下的 FAST 工程

2013 年圈梁安装工程远眺

设备基础工程

从 2013 年 4 月 27 日开始，通过整体吊装、汽车吊散装、拔杆拼装等工艺，一根根格构柱拔地而起；从 2013 年 6 月 7 日开始，圈梁分块开始拼装，施工单位在现场施工条件非常复杂的情况下，精心设计圈梁吊装方案，不断完善起吊、滑移、安装等工序，将圈梁安装工程一步步推进。

圈梁中的维护通道

格构柱上施工作业

2013 年 12 月 31 日，圈梁合龙分块对接顺利完成，
这是 FAST 工程建设的又一个里程碑。

圈梁顺利合龙

彩虹下的 FAST 圈梁

索网安装现场的工人们

索网制造和安装工程

FAST 索网是世界上跨度最大、精度最高的索网结构，也是世界上第一个采用变位工作方式的索网体系。四面环山的地形使得 FAST 施工难度和技术难度不言而喻，需要攻克的技术难题贯穿索网的设计、制造及安装全过程。

FAST 主动反射面的索网共有 6670 根主索、2225 根下拉索，主索网固定在直径为 500 米的圈梁上，下拉索与地面促动器相连可主动控制整个索网的变形。

FAST 工程团队在已有的各项索网施工技术基础上，总结经验，大胆创新，提出了反射面索网悬空组装的创新方法，为 FAST 顺利建造打开了通道。2014 年 7 月 17 日索网开始安装，2015 年 2 月 4 日索网合龙，2015 年 7 月反射面支承结构完成施工验收。

建设中的索网工程

2015 年 2 月 4 日，大跨度索网安装完成

晚霞下的大跨度索网

索织"观天巨眼"

反射面面板单元吊装

　　反射面面板是决定 FAST 探测精度的核心要件。FAST 共有 4450 块反射面面板单元，包括 4273 块基本类型面板和 177 块特殊类型面板。反射面面板单元边长为 10.4～12.4 米，重 427.0～482.5 千克，其表面精度需控制在 1 毫米以内。为了保证望远镜长时间作业的精度和寿命，在 FAST 工程团队的指导下，生产企业在反射面面板的铆接、编码、检验、覆膜等每道工序上都做到了精益求精，而且还采用先进的阳极氧化生产线对面板进行防腐处理。在施工过程中，工程团队还克服了大尺度、位置高等施工难题，创造了多项国内领先的拼装技术。2016 年 7 月 3 日 11 时 46 分，在一片掌声中，FAST 完成了最后一块反射面面板单元的安装。

2015 年 8 月 2 日，拼装第一块反射面面板单元

反射面面板单元吊装

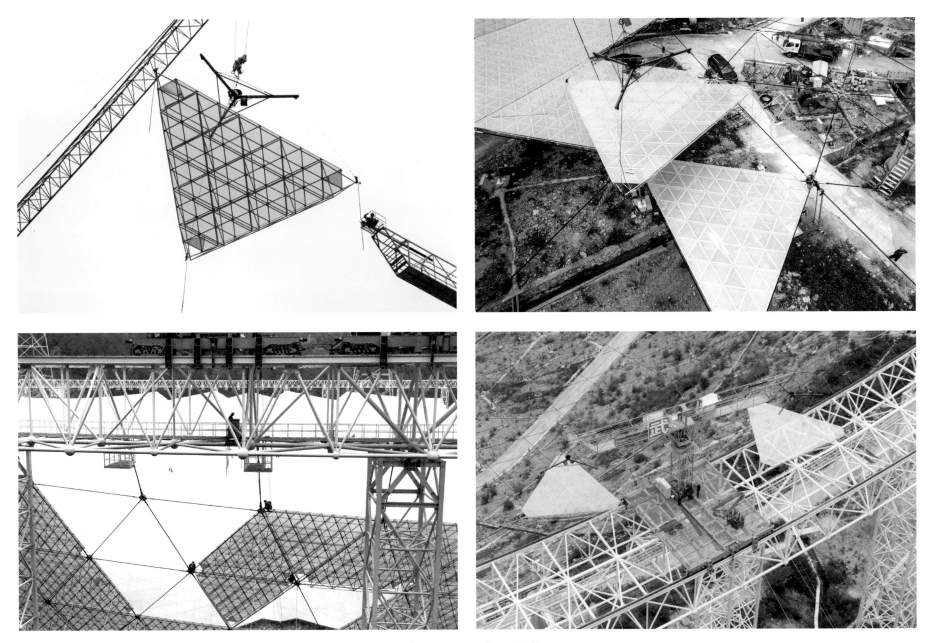

反射面面板单元吊装

反射面面板单元吊装

反射面安装初见雏形

2016 年 7 月 3 日，最后一块反射面面板单元吊装完成，标志着 FAST 主体工程完工

FAST 通过控制促动器拉伸或放松下拉索
实现望远镜变位驱动

下拉索与主索网、反射面面板、促动器及支承结构共同构成 FAST 主动
反射面系统

FAST 安装了 4450 块反射面面板单元，总面积约 25 万平方米

馈源支撑系统

　　FAST 馈源支撑系统主要包括支撑塔、索驱动、馈源舱、舱停靠平台四部分。该系统采用了光、机、电一体化技术，创新性地运用了轻型索支撑馈源平台和并联机器人，突破了传统射电望远镜中馈源与反射面相对固定的刚性支撑模式，极大地降低了馈源支撑结构的重量和尺寸，减少了对射电望远镜无线电波的遮挡，实现了望远镜接收机的高精度指向跟踪，是 FAST 的三大自主创新之一。

　　FAST 馈源舱是最亮眼的"掌上明珠"，这个由 6 根钢索拖动的平台重达 30 吨，安装在馈源舱内的接收机专门负责收集望远镜反射面接收到的外太空信号。

FAST 信号接收系统——馈源舱

FAST 舱停靠平台施工

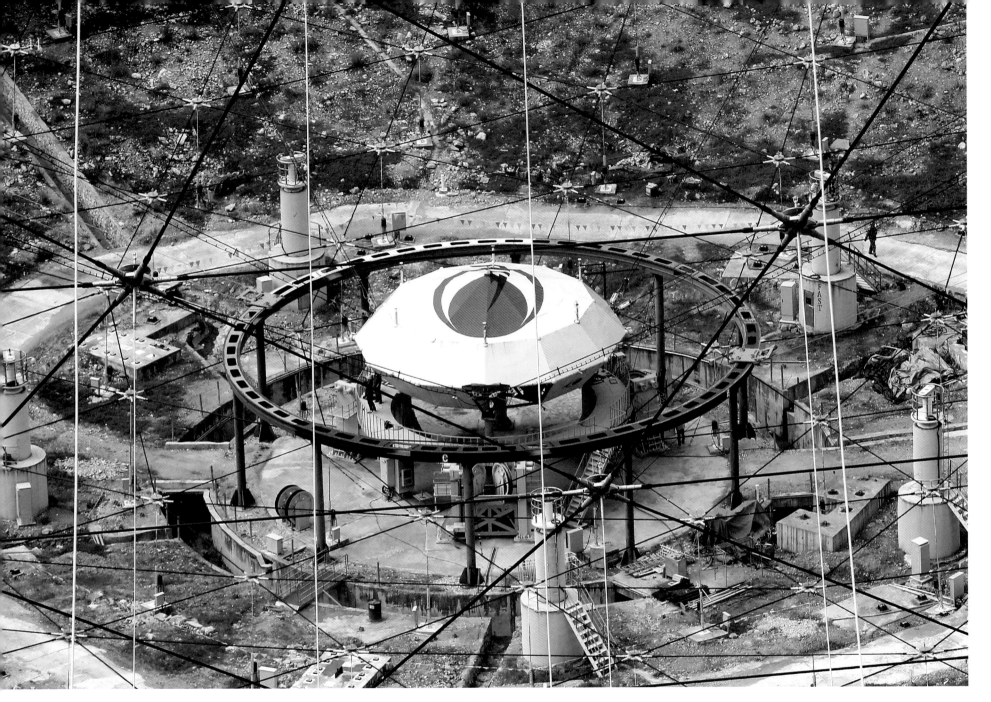

安装中的 FAST 馈源舱

有序进行舱停靠平台安装

从反射面底部仰望 FAST 馈源舱

馈源支撑系统安装现场

FAST 馈源舱联调起舱

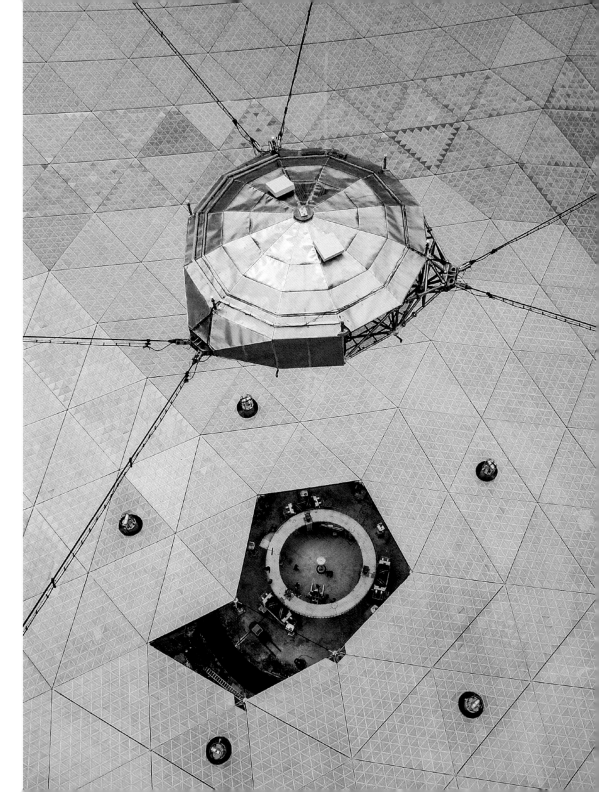

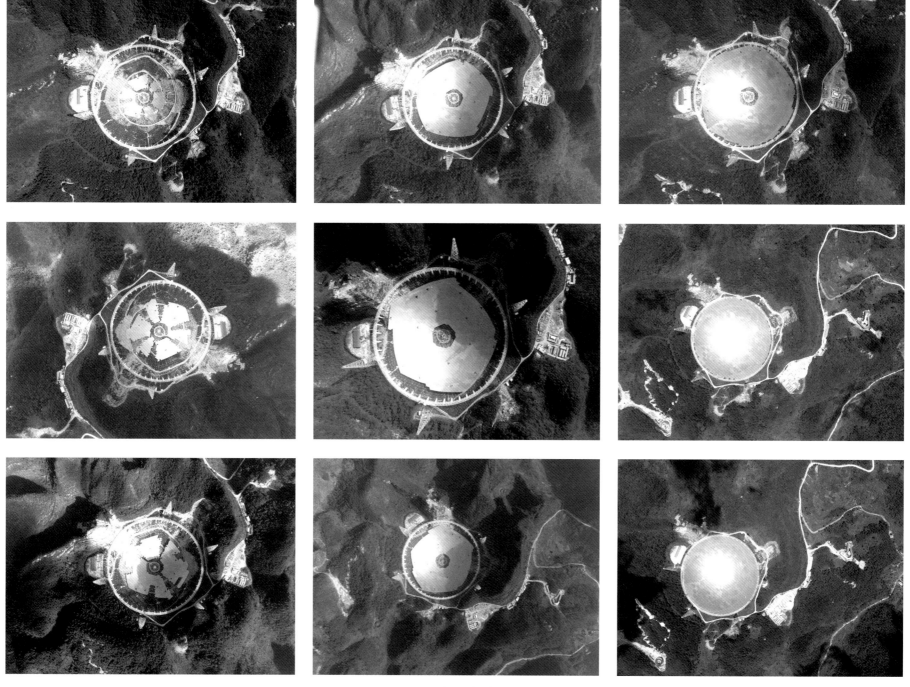

FAST 工程建设航拍对比图

FAST 工程建设航拍图

人民科学家——南仁东

　　南仁东，1945 年 2 月出生于吉林辽源，毕业于清华大学，是我国著名天文学家，是国家重大科技基础设施建设项目——FAST 项目的发起者和奠基人。他潜心天文研究，坚持自主创新，主导利用我国贵州省喀斯特洼地作为望远镜台址，从选址、论证立项到建设历时的 22 年中，他主持攻克了一系列工程技术难题，为 FAST 这一重大科学工程的顺利落成发挥了关键作用，做出了重要贡献。他不计个人名利得失，与全体工程团队队员一起通过不懈努力，迈过重重难关，实现了中国拥有世界一流水平望远镜的梦想。

　　2017 年 9 月，南仁东因病逝世，用生命铸就了世人瞩目的"中国天眼"！2017 年 11 月，中宣部追授南仁东先生"时代楷模"荣誉称号。2018 年 10 月 15 日，中国科学院国家天文台将国际永久编号第 79694 号小行星命名为"南仁东星"。2019 年 9 月 17 日，南仁东先生被授予"人民科学家"国家荣誉称号。

1999 年，南仁东先生参加 1999FAST 学术年会

2009 年 12 月 30 日，南仁东先生在中国科学院国家天文台会议室内开会

2013 年，南仁东先生与 FAST 团队工程技术人员讨论

2013 年，南仁东先生在大窝凼施工现场

2014 年，南仁东先生在 FAST 建设工地临时办公住宿用房前留影

2014 年，在施工现场，南仁东先生与施工人员交流

2014 年，南仁东先生在施工现场与
FAST 团队工程技术人员交流

2015 年 2 月 3 日，南仁东先生在施工现场

南仁东先生在 FAST 圈梁上

2015 年 11 月 25 日，南仁东先生生
病后又一次返回现场指导工作

2010 年 8 月 31 日，南仁东先生在明安图镇参加 2010 年 FAST 工程年中总结会

南仁东先生在施工现场与施工人员和技术人员合影

竣工篇

晨曦中的"中国天眼"别样美丽

蓝天白云下的"中国天眼"侧影

落成启用

2016 年 9 月 25 日，具有独立自主知识产权的 FAST 在贵州平塘落成，正式开启探索星辰的征途。

夜幕下的"中国天眼"

观天巨眼

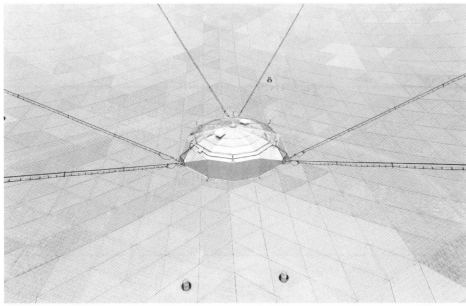

2016 年 9 月，超宽带接收机安装成功

2016 年 9 月，超宽带接收机安装成功，完成了 FAST 首次脉冲星观测。

FAST 完成首次脉冲星观测

2016 年 9 月 19 日，FAST 获得"初光"

虽然早在半个世纪前人类就发现了脉冲星，但对于 FAST 而言，2016 年 9 月 19 日真是个激动人心的日子。在这一天，FAST 首次探测到高信噪比脉冲星信号。

2016 年 9 月 25 日，500 米口径球面射电望远镜落成启用仪式在贵州平塘 FAST 现场隆重举行。

500 米口径球面射电望远镜落成启用仪式现场

国内天文学家云集 FAST 台址

2020 年 1 月 11 日，FAST 通过国家验收，转入常规运行阶段。

2020 年 1 月 11 日，FAST 国家验收会现场

2020 年 1 月 11 日，FAST 国家验收会现场

2020 年 1 月 11 日，中国科学院副院长张亚平
主持 FAST 国家验收会

2020 年 1 月 11 日，在国家验收会上，FAST 工程经理严俊代表 FAST 经理部作工程建设总结报告

竣工后的"中国天眼"

　　2021 年 3 月 31 日 0 时起，"中国天眼"正式向全球开放，向全球天文学家征集观测申请，彰显出中国科学家与国际科学界携手合作的理念。此次征集收到来自不同国家共 7216 小时的观测申请，最终 14 个国家（不含中国）的 27 份观测申请获得批准，并于 2021 年 8 月启动科学观测。

2021 年 4 月 9 日，中国科学院国家天文台台长常进与贵州师范大学校长肖远平签署"中国天眼联合研究中心"合作协议

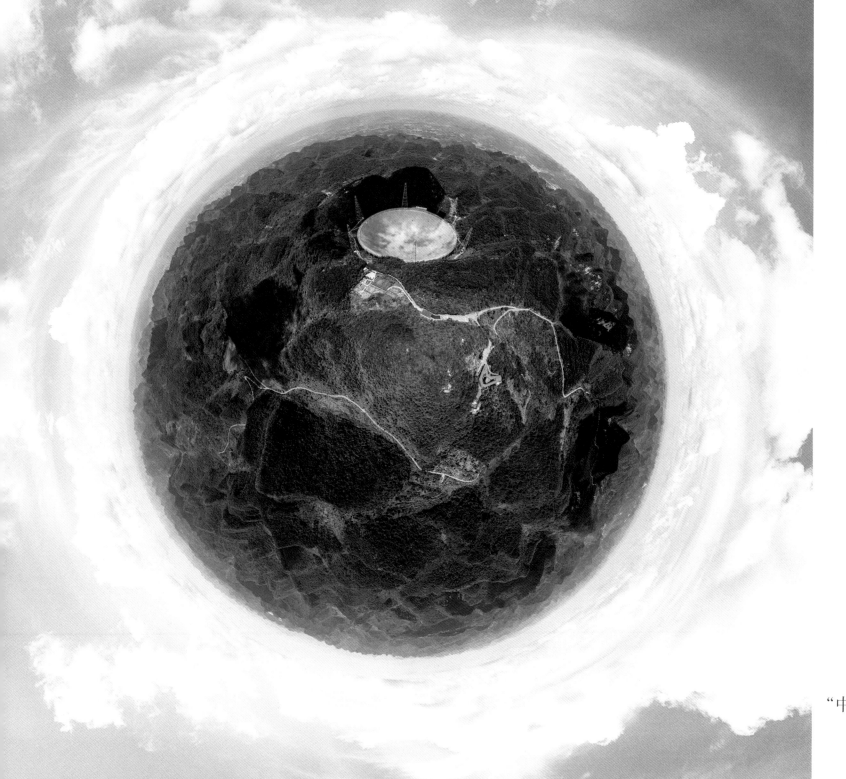

"中国天眼"全景

晨曦中的"中国天眼"

成果篇

　　自 2020 年 1 月 11 日通过国家验收以来的两年多时间里，FAST 取得了一系列重要科学研究成果。基于超高灵敏度的明显优势，FAST 已成为中低频射电天文领域的观天利器，未来将在快速射电暴（Fast Radio Bursts，FRB）起源与物理机制、中性氢研究、脉冲星搜寻与物理研究、脉冲星测时与低频引力波探测等方向产出深化人类对宇宙认知的科研成果。

FAST 探测到的脉冲星编号为 J1859-0131（又名 FP1-FAST Pulsar #1）

FAST 首次发现新脉冲星

　　脉冲星是一种快速自转的中子星，它可以周期性地发射电磁脉冲信号。1967 年，还是研究生的乔瑟琳·贝尔·伯奈尔探测到了来自脉冲星的信号。几年后，她的导师因为这一发现荣获诺贝尔物理学奖。

　　2017 年 8 月 22 日，中国科学院国家天文台李菂研究员领导的科学团队利用 FAST 探测到一颗编号为 J1859-0131（又名 FP1-FAST Pulsar #1）的脉冲星，其自转周期为 1.83 秒，据估算距离地球约 1.6 万光年。2017 年 9 月 11 日，澳大利亚帕克斯望远镜证实了这一发现。这是中国射电望远镜首次发现新脉冲星。它展示了 FAST 自主创新的科学能力，开启了中国射电波段大科学装置系统产生原创发现的激越时代。

　　截至目前，FAST 已发现 660 余颗脉冲星，成为自其运行以来世界上发现脉冲星效率最高的设备。

中外科学家共同交流 FAST 取得的首批成果

FAST 首席科学家李菂研究员介绍 FAST 首次发现新脉冲星过程

2017 年 10 月 10 日，FAST 取得首批成果新闻发布会现场

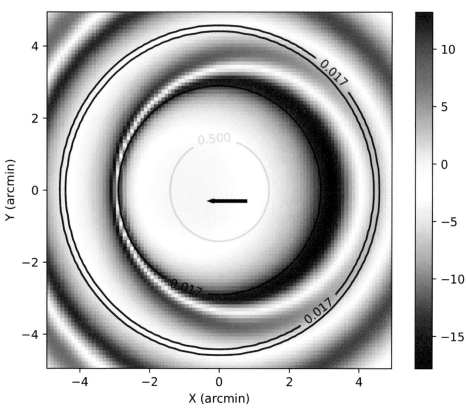

宇宙深处快速射电暴三连闪

FAST 首次发现
新的快速射电暴

　　快速射电暴是无线电波段宇宙最明亮的爆发现象。2018 年 11 月 23 日，中国科学院国家天文台研究员朱炜玮、李菂等与合作者利用自主研发的搜寻技术，结合深度学习人工智能，对海量 FAST 巡天数据进行快速搜索，发现了快速射电暴 FRB 181123，这是 FAST 首次发现新的快速射电暴。

　　这一信号来自约 100 亿光年以前的宇宙深处，其与地球的距离在所有已知射电暴中名列前茅。

朱炜玮研究员在 FAST 现场

FAST 探测到快速射电暴

《Nature》上发表首篇 FAST 研究成果

快速射电暴的研究离不开先进的观测设备，FAST 作为世界最大的单天线射电望远镜，为射电暴研究提供了强力支持。

2020 年 10 月 29 日，国际学术期刊《Nature》（《自然》）刊发了对重复暴 FRB 180301 偏振探测的成果文章。北京大学教授、中国科学院国家天文台研究员李柯伽教授、罗睿博士等联合研究团队利用 FAST 探测了一例罕见的快速射电暴 FRB 180301，观测了其丰富的偏振特征。

李柯伽教授、罗睿博士合影

王培、林琳、张春风展示发表在《Nature》的论文

快速射电暴成果入选《Nature》《Science》2020 年度十大科学发现

工欲善其事，必先利其器！随着 FAST 性能的提升，其科学潜力逐步显现。2020 年 11 月 5 日，北京师范大学林琳、北京大学张春风、中国科学院国家天文台王培等联合研究团队成员利用 FAST 超高的灵敏度对快速射电暴候选体 SGR1935+2154 射电波段流量给出了迄今为止最严格的限制，该成果在国际学术期刊《Nature》上发表。2020 年 12 月，《Nature》和《Science》(《科学》) 公布了 2020 年度十大科学发现，其中，FAST 在快速射电暴方面的研究成果入选。这表明中国在快速射电暴研究领域已经迅速崛起。

FRB 121102 成果研究团队部分成员合影

2021年度
中国科学十大进展

- 火星探测任务天问一号探测器成功着陆火星

- 中国空间站天和核心舱成功发射，神舟十二号、十三号载人飞船成功发射并与天和核心舱成功完成对接

- 从二氧化碳到淀粉的人工合成

- 嫦娥五号月球样品揭示月球演化奥秘

- 揭示SARS-CoV-2逃逸抗病毒药物机制

- FAST捕获世界最大快速射电暴样本

- 实现高性能纤维锂离子电池规模化制备

- 可编程二维62比特超导处理器"祖冲之号"的量子行走

- 自供电软机器人成功挑战马里亚纳海沟

- 揭示鸟类迁徙路线成因和长距离迁徙关键基因

2021年12月，科学技术部高技术研究发展中心邀请中国科学院院士、中国工程院院士、国家重点实验室主任等3500余位知名专家学者对全国科学成果进行评选，得票数排名前10位的入选"2021年度中国科学十大进展"。

FRB 121102 成果入选
2021 年度中国科学十大进展

快速射电暴持续时间通常只有几毫秒，却能够释放出相当于太阳在一整年释放的能量。FRB 121102 是人类已知的第一个重复快速射电暴。2019 年，中国科学院国家天文台李菂、王培、朱炜玮等利用 FAST 成功捕捉到 FRB 121102 的极端活动期（最剧烈时段达到每小时 122 次爆发），累计获取了 1652 个高信噪比的爆发信号，构成目前世界上最大的快速射电暴爆发事件集合。该成果首次展现了快速射电暴的完整能谱，深入揭示了快速射电暴的基础物理机制，并于 2021 年 10 月 14 日在《Nature》上发表。

2022 年 2 月 28 日，科学技术部高技术研究发展中心发布"2021 年度中国科学十大进展"，"FAST 捕获世界最大快速射电暴样本"入选。

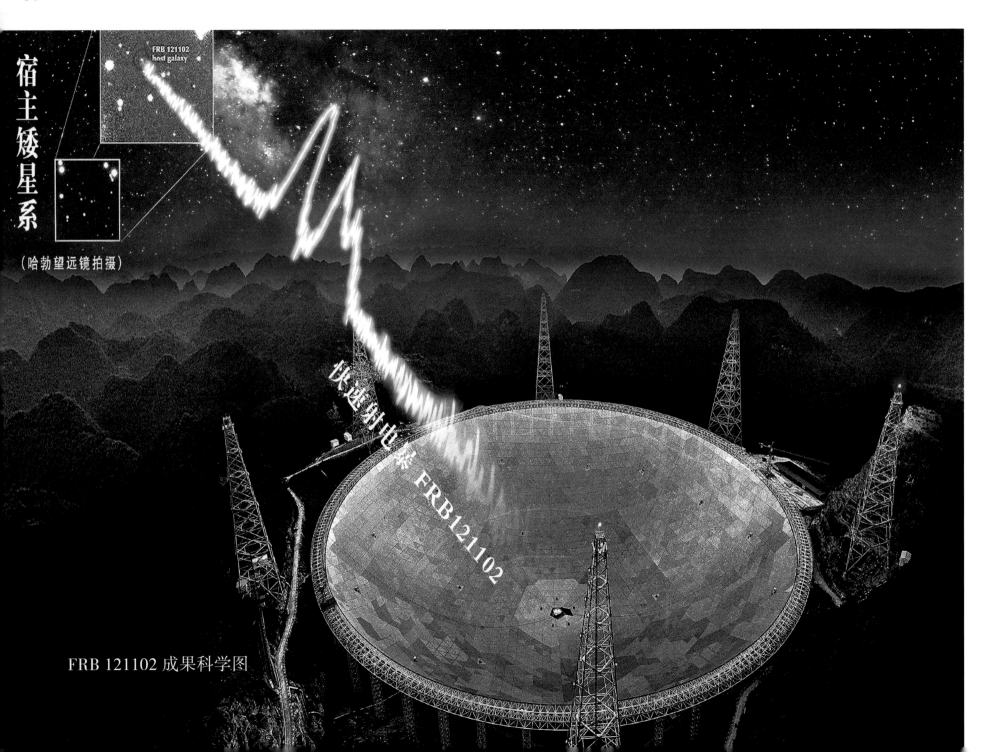

宿主矮星系

（哈勃望远镜拍摄）

FRB 121102
host galaxy

快速射电暴
FRB121102

FRB 121102 成果科学图

《Nature》封面设计稿，呈现金牛座分子云天区的星际介质和磁场。曲线为普朗克卫星测量的磁场方向图，本底星云来自赫歇尔空间望远镜拍摄的尘埃图像。

中性氢成果在《Nature》杂志封面发表

中性氢是宇宙中丰度最高的元素，广泛存在于宇宙的不同时期，是不同尺度物质分布的最佳示踪物之一。

2022 年 1 月 6 日，《Nature》以封面论文形式正式发表了中国科学院国家天文台庆道冲、李菂领导的国际合作团队利用 FAST 观测平台，结合李菂研究员 2003 年原创的中性氢窄线自吸收方法，首次获得的原恒星核包层中的高置信度的塞曼效应测量结果。这一发现为解决恒星形成三大经典问题之一的"磁通量问题"提供了重要的观测证据，对于理解恒星形成的天体物理过程至关重要。

这是 FAST 的首篇在《Nature》封面发表的成果，也是 2022 年中国科学家的首篇《Nature》封面论文。

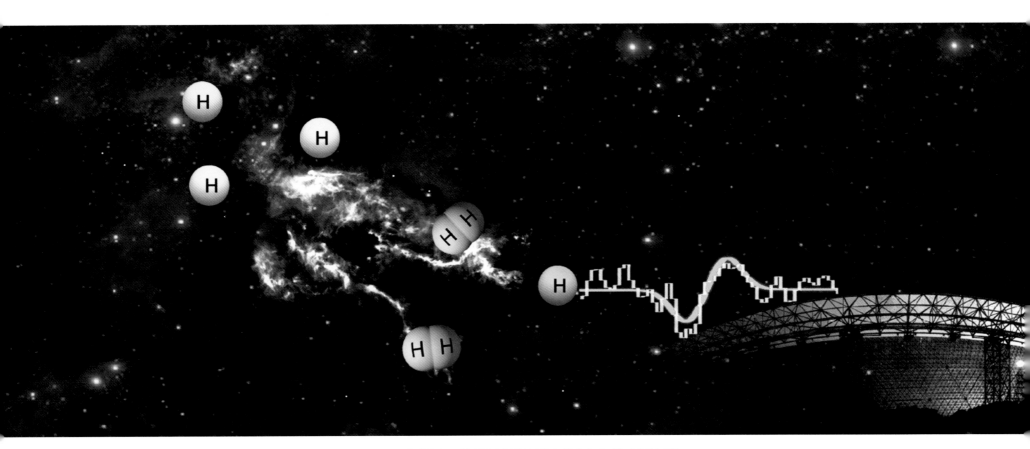

FAST 中性氢谱线测量星际磁场成果科学图

2022 年 1 月 5 日，在中国科学院举行的新闻发布会上，中国科学院副院长周琪院士介绍 FAST 取得的重大进展

2022 年 1 月 5 日，在中国科学院举行的新闻发布会上，中国科学院国家天文台台长常进院士介绍 FAST 产出的重大科学成果

2022 年 1 月 5 日，在中国科学院举行的新闻发布会上，中国科学院国家天文台武向平院士介绍 FAST 后续的科学研究计划

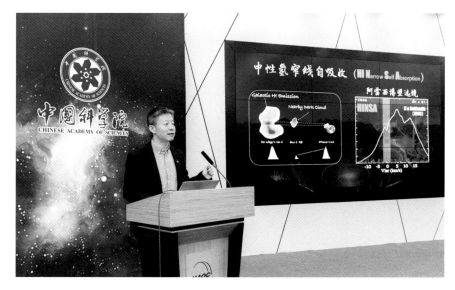

2022 年 1 月 5 日，在中国科学院举行的新闻发布会上，FAST 首席科学家李菂研究员介绍原创的中性氢窄线自吸收方法

《Science》上发表首篇 FAST 研究成果

今天，快速射电暴已成为天文学界"网红"。它从哪里来，谁也说不清，有人说它是外星人发来的信号；有人说它来自磁星的磁层；还有人说是某些致密天体爆发会产生激波，快速射电暴来源于激波相互作用驱动的辐射。

中国科学院国家天文台李菂研究员、之江实验室研究专家冯毅领导的国际合作团队系统分析了来自包括 FAST、美国绿岸射电天文望远镜（GBT）观测到的多项数据，首次提出了能够统一解释重复快速射电暴偏振频率演化的机制，并基于此导出了能够描述快速射电暴周边环境的单一参数即"RM弥散"。这一机制支持重复快速射电暴处在类似超新星遗迹的复杂电离环境中，并且可以通过偏振观测确定其可能的演化阶段，为最终确定快速射电暴起源提供了关键观测证据。

这一成果于 2022 年 3 月 18 日发表在国际学术期刊《Science》上。

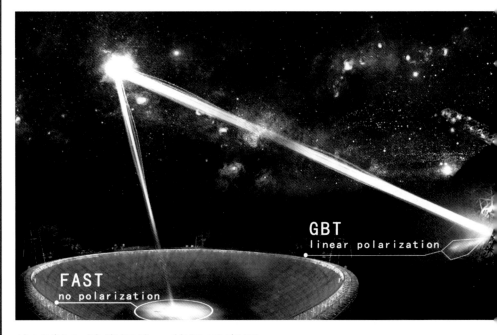

快速射电暴偏振统一特性示意图

FRB 190520B 成果研究团队部分成员合影

FAST 发现首例持续快速射电暴

　　快速射电暴可分为重复暴和非重复暴。重复暴和非重复暴可能对应不同的物理过程。2007 年快速射电暴领域创始人 Duncan Lorimer 团队首次确定了快速射电暴的存在。2016 年人类才探测到第一例重复爆发的快速射电暴，打破了人们对快速射电暴的传统认知。目前全球已公布了近 500 例快速射电暴，仅不到 10 例有活跃爆发现象。

　　2019 年，中国科学院国家天文台李菂、牛晨辉领导的国际团队通过 FAST "多科学目标同时巡天（CRAFTS）"优先重大项目，发现了迄今为止唯一一例持续活跃的重复快速射电暴 FRB 190520B。FRB 190520B 位于距离我们 30 亿光年的贫金属的矮星系中，并拥有迄今为止发现的第二个快速射电暴持续射电源对应体（PRS）。该成果于 2022 年 6 月 9 日在《Nature》上发表。这是人类首次发现持续活跃的快速射电暴，将推动我们去建设这一神秘现象的演化图景。这一发现得到国内外广泛关注，例如美国有限电视新闻网（CNN）、Lorimer 教授等都对其进行了专门报道或正面评述。

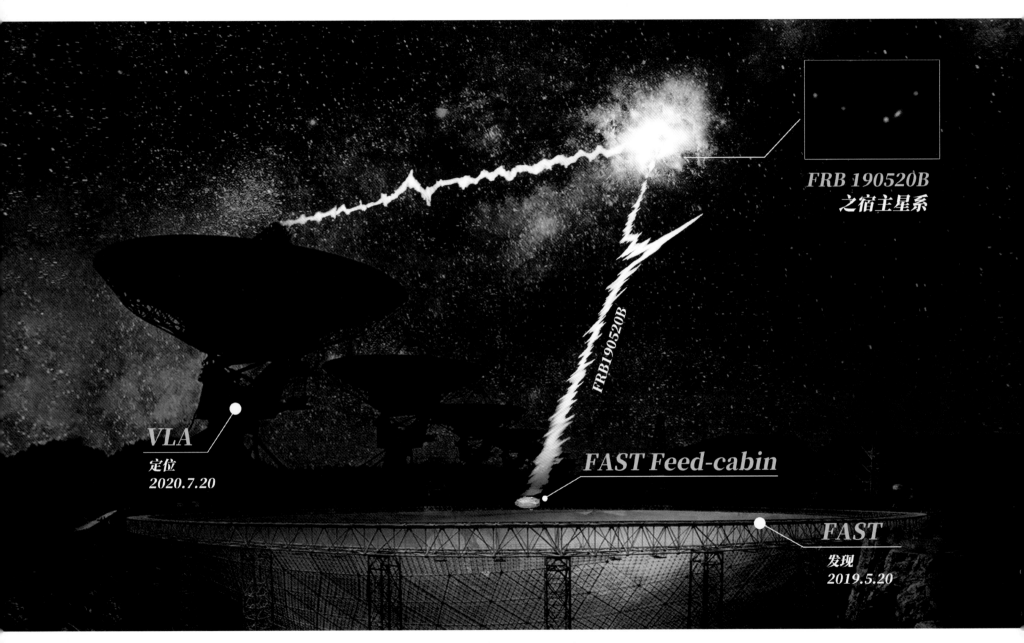

FRB 190520B 之宿主星系

VLA
定位
2020.7.20

FAST Feed-cabin

FRB190520B

FAST
发现
2019.5.20

FRB 190520B 成果科学图

新时代的追光者

　　榜样，是一种态度，是一股动力，更是一面旗帜，榜样的力量教育人、鼓舞人、激励人！

　　"人无精神则不立，国无精神则不强。"南仁东先生曾说："最好的天文设备实际上是修给下一代的天文学家，修给现在在读和将要入学的年轻人的。"一代代中国青年科学家把小我融入大我，与时代同步伐、与人民共命运，让青春绽放绚丽之花。

　　探索宇宙，中国科学家"追光"的浪漫你也许永远不懂。

庆道冲

冯　毅

王　培

牛晨辉

罗　睿

林　琳　　张春风　　王　培

FAST 科学艺术图

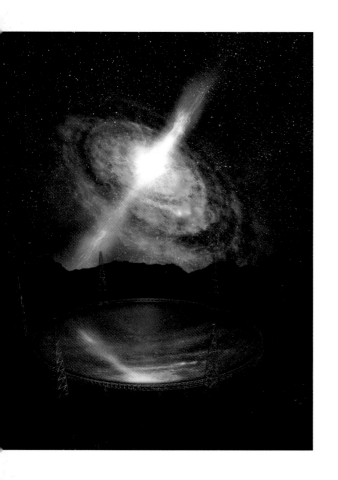

科学之美

风光篇

夕阳下的"中国天眼"

月下的"中国天眼"

天眼晨昏

"中国天眼"不仅遥望深空，观测宇宙美妙星辰，于地球更是一处非凡的风景。

FAST建于贵州喀斯特洼地之中，科技与自然相融合，青山白云，星河璀璨，风光无限。

满天繁星下的"中国天眼"

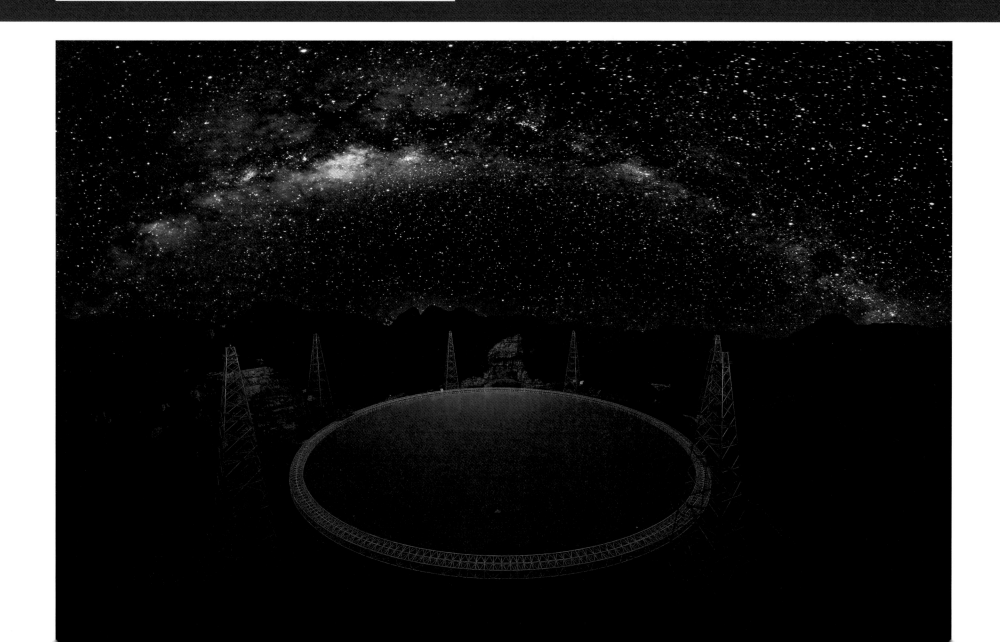

星空下的 FAST 圈梁

探索宇宙的奥秘

朝霞下的"中国天眼"全景

夕阳下的"中国天眼"全景

结　语

　　南仁东先生曾经说过，FAST 既代表着科学家们在射电天文这个领域的雄心壮志，也是中国天体物理和天文科学从追赶到超越的一次努力。

　　今天，"中国天眼"在群山环抱之中，像地球上的一只巨眼，静静凝望天空，期待着为人类揭开更多未解之谜。